牛安安讲电力安全丛书

供电企业消防安全 50条画册

《牛安安讲电力安全》编写组 编

王存华 顾子琛 绘

中国电力出版社
CHINA ELECTRIC POWER PRESS

U0655660

图书在版编目（CIP）数据

供电企业消防安全 50 条画册 /《牛安安讲电力安全》编写组编；王存华，顾子琛绘 . -- 北京：中国电力出版社，2025.5. --（牛安安讲电力安全丛书）. -- ISBN 978-7-5239-0076-5

Ⅰ . TM72-64

中国国家版本馆 CIP 数据核字第 2025JM9732 号

出版发行：中国电力出版社		印　　刷：三河市航远印刷有限公司	
地　　址：北京市东城区北京站西街 19 号		版　　次：2025 年 5 月第一版	
（邮政编码 100005）		印　　次：2025 年 5 月北京第一次印刷	
网　　址：http://www.cepp.sgcc.com.cn		开　　本：880 毫米 ×1230 毫米　48 开本	
责任编辑：马淑范（010-63412397）		印　　张：1.625	
责任校对：黄　蓓　张晨荻		字　　数：37 千字	
装帧设计：赵姗姗		定　　价：24.00 元	
责任印制：杨晓东			

前言

五千年农耕文明孕育的"牛"图腾，是躬耕陇亩的勤勉、力量化身，更是追求卓越、努力超越的精神符号。当传统文化的基因流入现代电网安全体系，"牛安安"这个头戴安全帽、身着电力工装的安全卫士，正以萌趣十足又不失专业质量的形象，构建起新时代安全教育的超级符号。这个从国家电网有限公司第二届职工文创大赛中脱颖而出的 IP，伴随着短视频、表情包、桌游、积木、书签、冰箱贴、帆布包等系列文创的广泛传播，牛安安的形象正慢慢走进电力职工的心中。

在视觉传播占据认知高地的今天，《牛安安讲电力安全丛书》以画册的形式应运而生，丛书具有鲜明的特色。

一是沉浸式阅读体验：原创插画＋韵律童谣＋知识卡片三位一体。

二是全场景安全覆盖：内容涵盖消防安全、电力设施保护、生产安全规范及居民用电安全等电网企业核心领域。

三是跨界表达创新：清新国漫画风＋通俗化文本＋互动化设计。

《牛安安讲电力安全丛书》突破传统宣教模式，适配电网企业安全培训、安全生产月、校园安全教育等多场景应用，实现"从学龄儿童到产业工人"的全年龄段覆盖。用文化 IP 重塑安全教育，让每个生命都与安全美好相遇。

目 录

前言

牛安安小传

一、供电企业消防安全管理常识　　　　　　1-9

二、供电企业作业现场消防安全常识　　　　10-20

三、出行消防安全常识　　　　　　　　　　21-26

四、办公区域消防安全常识　　　　　　　　27-41

五、火灾逃生与急救常识　　　　　　　　　42-55

六、火灾典型案例　　　　　　　　　　　　56-61

附录　　　　　　　　　　　　　　　　　　62-66

牛安安小传

牛安安：供电企业的一名安全管理人员，牛安安努力、严谨，对生活充满热情。

牛安安小传

一

供电企业消防安全管理常识

　　供电企业火灾风险主要来源于电气设备老化、故障与违规操作，外部自然灾害，易燃易爆物质违规使用、存放，管理不当等因素。据统计，电气火灾占总火灾的 60% 以上，其中，高压配电室、变电站等区域火灾风险尤为突出。因此，供电企业要加强消防安全管理，防患于未然。

牛安安

安全课

供电企业各单位要成立安全生产委员会，履行消防安全职责，明确消防安全责任人及其职责，组织实施本单位的消防安全管理工作。同时，要明确消防工作的归口管理职能部门，明确专（兼）职消防管理人及职责。各单位还可以根据需要组织专职消防队和义务消防队。

2. 消防档案要建立　查处隐患有依据

实行严格管理，要建立消防档案，确定消防安全重点部位，设置防火标志，明确重点部位防火安全责任人，实行每日防火巡查，巡查人员应当及时纠正违章行为，妥善处置火灾危险，防火巡查应当填写巡查记录。

牛安安
安全课

牛安安

安全课

变电站站内区域消防安全管理非常重要，应定期开展变电站消防安全性评价，据此改进消防措施，以确保变电站平安稳定运行。

牛安安

安全课

对职工进行岗前消防安全培训，定期组织消防安全培训和消防演练；要保障疏散通道、安全出口、消防车通道畅通，保证防火防烟分区、防火间距符合消防技术标准。组织防火检查，及时消除火灾隐患。

牛安安

安全课

变电站内要配齐火灾报警标志、紧急逃生标志、禁止和警告标志，方向辅助标志以及文字辅助标志；变电站内疏散通道和安全出口设置指示标识，要采用符合国家规定的 3C 标准灯光疏散指示标志、安全出口标志，要标明疏散方向。

牛安安

安全课

每月对所辖区域消防器材进行一次检查维护；地下变电站的消防器材应每半月检查一次；补充的沙子应干燥；发现灭火器压力不在正常范围时，及时更换合格的灭火器或重新充装；二氧化碳灭火器重量比额定重量减少 1/10（灭火剂实际重量低于额定重量的 95% 时，就需要充装或更换）时，应进行灌装；灭火器的表面要保持清洁、设施完好，干粉灭火器压力要正常。

7. 报警系统很智能　维护保养不放松

消防报警系统、火灾报警系统包含火灾探测、报警、联动控制及灭火设施触发等功能，是完整的消防响应体系。可以使人们避开火灾，防止更多伤亡。火灾自动报警系统的维护保养非常重要，应确保系统连续正常运行，各路电源均能正常供电；专业维保单位每季度（或每月）对火灾自动报警系统主机除尘，对电源等附件维护一次；每季度（或每月）应对主要电源和备用电源进行1～3次启动切换试验；强制切断非消防电源功能测试；火灾报警控制器经检查应功能完好，并填写相应维保记录；未经公安消防机构同意，不得擅自关闭火灾自动报警、自动灭火系统。

变电站消防控制室要具备远方控制功能，且设有用于火灾报警的外线电话；控制室实行 24 小时值班制度，值班人员持有消防控制操作职业资格证书；消防控制室的火灾自动报警系统、灭火系统和其他联动控制设备要处在正常工作状态，不要将处于自动状态的设在手动状态；无人值班变电站消防控制室要设置在运维班驻地值班室，对所辖的变电站实行集中管理，如设置在其他地点，需经上级批准确认。

牛安安

安全课

9

二

供电企业作业现场消防安全常识

　　消防安全是施工作业现场安全管理工作的重要组成部分。为保障现场作业人员的生命安全和财产安全，要好好学习和掌握消防安全常识。

1. 作业现场防火患　管理制度要健全

牛安安
安全课

供电企业施工作业现场要制定消防安全管理制度、编制施工现场防火技术方案，施工现场灭火及应急疏散预案，以及教育培训、技术交底、消防检查及应急疏散演练落实情况。

供电公司岗前消防安全培训

办公室

会报警

会自救和逃生技能

会使用消防器材

会扑灭初始火灾

牛安安

安全课

参与现场作业的工作人员，要进行进行岗前消防安全培训，还要针对本施工现场火灾危险点进行专题培训。要做到全员会使用灭火器材，会拨打119报警，会扑救初始火灾，会应急扑救火灾的方法及自救逃生知识和技能。

施工现场不得在吸烟区以外区域吸烟。施工现场必须合理、有效地配置消防设施或合格的消防器材，并要有专人管理。

牛安安

安全课

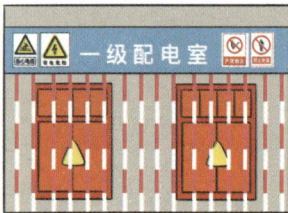

牛安安

安全课

施工现场临时配电线路、配电设备应符合设计规范要求；施工现场手持照明需为低压电源，防止触电伤害和火灾发生；因水具有导电性，因此电气火灾不可用水扑救，以免发生触电事故，必须用干粉灭火器，另外发生火情施救的同时，一定要记得尽快上报。

牛安安

安全课

在林区和草原施工，一定要遵守当地的防火规定。不抽烟，不把火柴、打火机等火源带入植被，如在户外用餐，尽量选择冷食，确实需生火时，要选择远离易燃物的空旷地点，并牢记周边灭火器等消防设施所在的位置，或是用水桶等容器备好水。

牛安安

安全课

蓄电池是一种易燃易爆物品，禁止在蓄电池室点烟或使用明火。进入蓄电池室，必须佩戴防护装备，并打开排风扇排风后，方可进入。充电时监测氢气浓度，低于1%方可操作，避免因操作不当导致火灾事故发生。

必须清理现场

必须隔离能量

必须定时定点作业

必须使用符合要求的器具设备

必须持证上岗

必须配备消防器材

必须有专人监火

牛安安

安全课

①必须持证上岗。②必须清理动火作业现场。③必须隔离能量。④必须使用符合安全要求的器具设备。⑤必须配备消防设施。⑥必须设专人监火。⑦必须定时定点作业。

牛安安

安全课

在电缆通道、夹层内动火作业要办理动火工作票，并采取可靠的防火措施；在电缆通道、夹层内使用的临时电源要满足绝缘、防火、防潮要求。工作人员撤离时，应立即断开电源；要严格按照运行规程规定对电缆夹层通道进行巡检，检测电缆和接头的运行温度，并填写巡视记录。

9. 危险品存放与运输　遵守规定莫放松

运输或储存氧气瓶、乙炔瓶等危险器时，要严格按照相关规程规定的要求进行。在使用时，各类气瓶禁止不装减压器直接使用，禁止使用不合格的减压器，要定期检查气瓶状况，发现漏气和损坏要立即更换。施工现场乙炔瓶应安装防火装置，氧气瓶与乙炔瓶的距离不得小于 5 米。

画面，牛安安和电网工作人员正在检查气瓶状况，发现某仓库中氧气瓶漏气（打错号）氧气瓶与乙炔瓶距离小于 5 米（打错号）。

19

牛安安

安全课

现场作业人员生活区防火也非常重要，一是在建工程内不得兼作办公室、民工宿舍、仓库。二是生活区搭设应符合要求，且必须落实防雷设施。三是生活区内不得存放易燃易爆物品。四是生活区需要按规定配备消防器材。五是生活区内严禁乱拖乱接简易插座，电线必须套管敷设。六是严禁宿舍、仓库内生火煮食，严禁明火取暖，严禁使用电炉、电热器具及大于60W的灯泡。

三

出行消防安全常识

了解出行消防安全常识非常重要。无论是上下班、旅游还是出差，掌握基本的消防安全知识在紧急情况下可以保护自身安全，并有效预防火灾。日常出行时要做好相关检查，遇到电动车自燃等突发性火灾时要科学应对，最大程度保护自己和家人的安全。

牛安安
安全课

到外地出差或者外出游玩，请务必做到关电源、关气源、关炉灶。养成良好生活习惯，远离火灾隐患。

牛安安

安全课

在乘坐公共交通工具时，应自觉维护公共安全，主动配合接受安全检查。严禁携带易燃易爆危险品乘坐公交车、单位班车、商场免费巴士、长途客运车、旅游专线车、地铁、轻轨、磁悬浮列车、轮渡等公共交通工具。易燃易爆危险品，是指汽油、柴油、煤油、喷雾剂、酒精、松香、油漆、双氧水、液化气体、溶剂油、雷管、炸药、烟花爆竹等。

23

牛安安

安全课

新能源汽车一旦发生自燃，首先要进行断电处理，不主张自行灭火，以免造成人员伤亡，应第一时间远离车辆，到达安全区域后拨打火警电话119，向消防救援人员说明车辆的品牌和型号，由消防救援人员进行处置。在实际救火作业中，新能源汽车电池易发生复燃现象，即便火势扑灭以后，依然建议车主不要返回车内，以免因小失大。

牛安安

安全课

正确的充电方法不仅能延长电汽车电池的寿命，还能确保行驶安全。为电动汽车充电，如非必要尽量使用慢充，保持电池电量在"20%到80%"之间为宜；充电时将车停留在通风处，人不要留在车内。

25

楼道充电

走廊

靠近易燃易爆物

私自改装

飞线充电

三无产品

电池带回家充电

用水冲洗

牛安安

安全课

电动自行车是常用的交通工具，使用时要注意选用适配充电器，合理控制充电时间在 8 ~ 10 小时以内；不在办公楼内充电，不使用飞线方式充电；严禁电动车电池进楼充电；充电时远离易燃易爆物品；不擅自改装修理电动自行车；选购经 3C 合格认证的电动自行车及配件；避免车辆进水短路。

四

办公区域
消防安全常识

办公区域消防安全常识是供电企业员工必须掌握的基础知识，内容涵盖消防设施和器材的使用、维护和管理方法，办公室内各类电器的正确使用等。作为供电企业员工，要时刻保持消防安全意识，为自己和他人营造安全的办公环境。

取

举

盖

牛安安

安全课

灭火毯是初起火灾灭火的常用工具。发生火灾时要快速取出灭火毯，双手握住两根拉带抖开毯身，然后将灭火毯作盾牌状举起，确保身体防护到位，再将灭火毯迅速完全覆盖至着火物上直至火焰完全熄灭。另外，灭火毯还可以在关键时刻披在身上，用于短时间内自我防护。

按

取

接

喷

消火栓

牛安安

安全课

使用消防栓要牢记"按、取、接、喷"四个字法。首先打开消火栓箱门，按下箱内报警按钮，再取出水枪，拉出水带。三是接。一人将水带的一端与消火栓接口连接，另一人在地面上铺平并拉直水带，将水带的另一端与水枪连接，并握紧水枪。四是喷。在确保连接稳定后，两人协作打开水阀并站在水枪两侧紧握水枪喷水灭火。

牛安安

安全课

灭火器使用方法只要记住"提、拔、握、压"四个字。我们首先要提出灭火器，拔下保险销，然后握住喷管嘴，站在起火点上风或侧风 2 ~ 5 米处，对准燃烧物根部按压握把，进行喷射灭火，随着灭火器喷射距离缩短，操作者应逐渐向燃烧物靠近。

取

拔

拉

牛安安

安全课

使用呼吸器牢记"取、拔、拉"三个字。具体做法是打开包装盒,撕开真空包装,取出呼吸器,然后拔掉滤毒罐前孔和后孔两个橡胶塞,再戴上头罩,将滤毒罐置于鼻子前方,拉紧头带,确保包住头部。

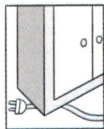

牛安安

安全课

营业大厅、会议室、餐厅等人流较多的场所，一定要注意消防安全，熟悉灭火器、消防栓等消防设施所在位置，不要在安全出口堆放杂物，不在办公室为电动车充电、堆放易燃物品等。

牛安安

安全课

办公室角落通常会摆放碎纸机、封口机、塑膜机等，但是角落通风条件不好，如果气温高，易出现机器过热着火现象。因此，这些电器使用完毕后一定要及时关闭电源，不要超时待机，以防火灾的发生。

牛安安

安全课

手机、充电宝、手持电风扇等小型电器充电时应远离纸张、桌布、毛巾等易燃物品，并随时查看温度，以防长时间充电会造成损坏或诱发火灾。

牛安安

安全课

办公室电路电器着火，应迅速拔下电源插头，切断电源，防止灭火时触电伤亡。切不可用水灭火。

牛安安

安全课

要定期检查插座和电线，确保没有损坏或磨损，一旦发现破损要及时更换，以免因插座发热、冒火等原因引起火灾。

牛安安

安全课

易燃易爆物品严格按照储存说明存放，要时常查看易燃易爆物品有效期，过期物品及时妥善处理。

牛安安

安全课

用酒精等消毒液在室内消毒时，一定要避开插座、开关、电脑等带电设备上，因为酒精等消毒液会因挥发而形成可燃气体，遇到明火和高温时就会燃烧。使用酒精消毒时应先使用酒精棉片擦拭，再用干布擦干。

牛安安

安全课

办公室内堆积的纸张、书籍、纸箱等都是易燃可燃物，大量堆放容易引起火灾，要及时清理，保持办公室整洁。

要爱护办公楼内消防设施，不可损坏、挪用或擅自拆除、停用消防设施器材。

牛安安

安全课

牛安安

安全课

遇到火势不大的初始火灾不要惊慌逃跑，距起火点近的员工要利用灭火器、室内消火栓、消防软管等进行灭火；如火势较大，再拨打119火警电话，也可以到办公室走廊寻找报警器报警。

五

火灾逃生与
急救常识

　　火灾是较为常见的灾难之一，遭遇火灾，如果没有自救常识，往往可能失去最宝贵的逃生机会。在公共场所，如果突然遭遇火灾事故，一定要掌握正确的逃生知识和技能，这些是人们在遭遇火灾的时候的"保命"的本领。

牛安安

安全课

发现火灾时，不要盲目逃生，要想方设法报警呼救，报警时要讲清楚火灾位置、消防车能否正常通行、有无人员被困等基本情况。

牛安安

安全课

房间内发生火灾时千万不要惊慌失措，如果发现火势并不大，且尚未对人身造成很大威胁时，可以用灭火器或消防栓第一时间扑灭，同时要大声呼喊周围的人出来参与灭火。如果火势无法控制，应立即报警并及时逃离失火房间，走时要把房门关上，以防止烟气进入走廊。

牛安安

安全课

火灾逃生时，听从工作人员指挥，不乘坐普通客梯，走疏散楼梯，快速有序撤离。

4. 大火封门无处逃　退回房间等救援

牛安安

安全课

当起火点在其他房间或楼层，开门前应用手触摸门把手，如果门锁温度正常，说明火离自己还有一段距离，这时可以打开一道门缝，观察外面情况，如发现大火封门，要退回房间，可用水打湿地板、沙发等家具，在窗户边等待救援。

牛安安

安全课

当离开房间发现起火部位就在本楼层时，应尽快就近跑向已知的紧急疏散出口，遇有防火门应该及时关上，如果楼道被烟气封锁或包围的时候应该尽量降低身体，尤其是头部的高度，用湿毛巾或衣物堵住口鼻。

牛安安

安全课

当大火和浓烟已经封闭通道，应关闭房门内所有门窗，防止空气对流，延迟火焰蔓延的速度，并且用一些布条堵住门窗的缝隙，有条件的情况下，可以用水浇在门窗上、室内沙发、家具等物品上降低温度。

牛安安

安全课

发现烟雾顺着门缝往家钻，要紧闭房门并用打湿的毛巾等堵住门缝，然后躲在阳台、窗口或门边等易被发现和能避免烟火近身的地方，以便消防人员寻找营救。千万不要躲进衣柜或卫生间，可以躲在墙边以防止房屋结构塌落砸伤自己。

牛安安

安全课

穿过烟火封锁区，应佩戴防毒面具、头盔、阻燃隔热服等护具。如果没有这些护具，那么可向头部、身上浇冷水或用湿毛巾、湿棉被、湿毯子等将头、身裹好，再冲出去。

牛安安

安全课

被烟火围困时不要大喊大叫，以防吸入毒烟。暂无法逃离的人员，在白天可以向窗外晃动鲜艳衣物或外抛轻型晃眼的东西；在晚上可用手电筒不停地在窗口闪动或敲击东西，发出有效求救信号，引起救援者注意。

51

牛安安

安全课

高层、多层公共建筑内一般都设有高空缓降器或救生绳、救生袋、网、气垫、软梯、滑竿、滑台、导向绳、救生舷梯等，要学会使用这些安全设施，一旦被困可以充分利用这些设施安全离开危险楼层。

11. 跳楼逃生要冷静　做好准备别任性

牛安安

安全课

起火楼层如果不是太高，可以考虑跳楼逃生。跳楼逃生时尽量抱些棉被、沙发垫等松软物品扔到地下以减缓冲击力。如果是徒手跳楼一定要扒窗台或阳台使身体自然下垂跳下，以尽量降低垂直距离，落地前要双手抱紧头部身体弯曲卷成一团，以减少伤害。如果时间来得及，还可以用床单和围巾等绑在窗户上慢慢下滑。

牛安安

安全课

身上着火时立即停止移动，并利用身边的灭火毯从靠近身体一侧向外铺开，覆盖火焰，以隔绝身体与火焰的接触，避免引火烧身。如果身边没有灭火毯，可以躺在地上打滚，用身体隔断空气，掩盖火焰，但滚动速度不能太快，否则不易压灭火焰。

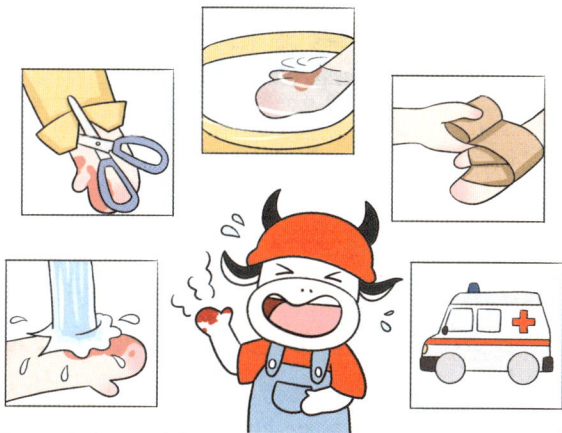

牛安安

安全课

发生烧（烫）伤可用以下四个方法进行自救：最简单的烧（烫）伤急救处理是冷疗，即用凉水冲洗烧伤处10 ～ 20 分钟；热液烧伤或开水烫伤应尽快脱去或剪去热液浸湿衣物，然后用冷疗法处理；生石灰等物质化学烧伤，在迅速清除化学物质后，用大量洁净冷水冲洗10分钟以上；烧伤部位出现水泡时，切忌剪掉破皮。如烧伤部位出现水泡且烫伤创面比较严重，建议去当地正规医院就诊。

六

火灾典型案例

　　关注消防，生命至上。日常生活中，引发火灾的原因有很多种，缺乏消防安全意识是其中重要的一个因素，"一念之差"就有可能造成严重的后果。本章汇总了近年发生的典型火灾事故，涉及违规动火、电气火灾、违规操作、电动车火灾、用火不慎、违规充电等事故类型。

典型案例丨 电气火灾

2023 年 12 月 12 日 15 时 46 分许，科尔沁区 10 千伏平安线 046028 塞外新城变电箱冒烟，消防部门到场及时将火扑灭，经调查，因为供热管道漏水、水蒸气从箱式变电站下方窜入高压开关柜、潮湿气体充满高压柜，从而造成相间短路，引发火灾。

牛安安

案例警示

电气火灾是指由电能充当火源而引起的火灾，主要发生在建筑物内，容易演变成重特大火灾事故。电气火灾扑救时存在触电和爆炸危险，相对其他火灾危害性更大。电气火灾和爆炸事故在火灾和爆炸事故中占有很大的比例，往往导致重大的人身伤亡和设备损坏。

典型案例 2　安全通道违规设置障碍物

　　2020 年 1 月 27 日，北京朝阳一小区业主王先生，堆放在楼道内的杂物燃烧发生火灾，住在四楼的小瑞想要下楼逃生，却被王先生堆放的杂物挡住了唯一逃生的出路，小瑞不幸被烧伤，双手手腕以下的部分完全缺失。小瑞向法院提起诉讼要求赔偿。法院终审判决，赔偿小瑞 633 万余元，其中，杂物堆放人王先生赔偿 70%，即 443 万余元，物业公司对 633 万余元全额承担补充赔偿责任。

牛安安

案例警示

　　任何单位、个人不得占用、堵塞、封闭疏散通道、安全出口、消防车通道。人员密集场所的门窗不得设置影响逃生和灭火救援的障碍物。在安全通道违规设置障碍物不仅会严重影响疏散和救援效率，还有可能增加火灾蔓延风险，引发更大的灾难。另外这种行为违反法律法规，需要承担相应的法律责任。

　　2023 年 4 月 18 日 12 时 50 分，某医院发生重大火灾事故，医院改造工程施工现场，施工单位违规进行自流平地面施工和门框安装切割交叉作业，环氧树脂底涂材料中的易燃易爆成分挥发形成爆炸性气体混合物，遇角磨机切割金属净化板产生的火花发生爆燃；引燃现场附近可燃物，产生的明火及高温烟气引燃楼内木质装修材料，部分防火分隔未发挥作用，固定消防设施失效，致使火势扩大、大量烟气蔓延；加之初期处置不力，未能有效组织高楼层患者疏散转移，造成 29 人死亡、42 人受伤，直接经济损失 3831.82 万元。

牛安安

案例警示

　　电、气焊等动火作业属特种作业，相关作业人员必须经专门的安全技术培训并考核合格取得特种作业操作证后，方可上岗作业。违规电焊作业是违法行为。违规动火作业引发火灾事故，极易造成人员伤亡以及重大财产损失。

2023 年 6 月 21 日 20 时 37 分许，宁夏回族自治区银川市兴庆区富洋烧烤民族街店发生一起特别重大燃气爆炸事故，造成 31 人死亡、7 人受伤，直接经济损失 5114.5 万元。经国务院事故调查组调查认定，这是一起因相关企业违法违规检验、经营，并配送不符合标准的液化石油气瓶，烧烤店在使用中违规操作发生泄漏爆炸，地方党委政府及其有关部门履职不到位、燃气安全失管失控，造成的生产安全责任事故。

牛安安

案例警示

燃气在家庭、饭店等场所广泛使用，但燃气具有易燃易爆的特点，燃气标准不达标，使用时遇到明火、操作不当发生泄漏等都可能发生引发爆炸和火灾，对人们的生命财产造成极大的危害。

典型案例 5　新能源汽车充电自燃

2024 年 5 月 16 日，某工业区附近，一辆停在路边的小轿车突然起火，火势快速蔓延，并引燃一辆相邻的轿车。经过 10 多分钟的扑救，大火被成功扑灭，所幸无人员伤亡，但起火轿车烧得面目全非，被引燃的车子也受损严重。

牛安安

案例警示

新能源汽车使用时，若发现出现大量白烟，要尽快撤离，确保安全。扑救新能源汽车火灾时，应保持距离，谨防触电。新能源汽车发生火灾后，会产生大量氰化氢、氟化氢等有毒气体，谨防中毒。

附　录

附录 A　动火作业十个必须

在动火作业中严格遵守动火作业十个"必须"，方能有效避免类似火灾事故的发生：

一是必须严格动火审批管理；

二是必须确保作业人员持证上岗；

三是必须确保设备器材完好；

四是必须严格清理周边可燃物；

五是必须采取可靠的安全阻隔措施；

六是必须严格管控易燃易爆物质；

七是必须严格落实特定场所动火作业规定；

八是必须加强现场安全管理；

九是必须在作业结束后清理作业现场；

十是必须自觉接受社会监督。

一、购买和选用合格的燃气灶、胶管、气瓶、调压阀等，使用带熄火保护功能的灶具。

二、不擅自改动、改装燃气管线、灶具等设施，更换气瓶要与管线连接牢靠，并检查是否漏气。

三、不包括燃气表、热水器等燃气设施及附属管道，不在燃气设施上捆绑、悬挂物品、以免影响密封效果。

四、使用燃气的房间应打开门窗保持通风、做饭、烧水时要有人照看，避免汤水沸溢造成火灾漏气。

五、使用完燃气后，应关闭气瓶阀门、管道与软管连接阀和灶具开关。

六、应经常检查厨房燃气胶管是否有老化、松脱现象，发现异常要及时联系专业人员进行维修、更换。

七、发现燃气泄漏时，要迅速关闭气源，打开门窗通风，不触动电器开关，不使用打火机等明火进行燃气泄漏检查。

八、安装燃气自动报警和自动切断装置，及时发现处置燃气泄漏事故。

九、遇到任何燃气安全事故，要迅速远离危险位置，联系燃气公司和物业公司，严重的拨打"119"报警电话求助。

附录 C 预防电气火灾四原则

一是合理选用电器设备：在购买电器设备时，应根据家庭或企业的实际需求选择合适的设备，避免盲目追求高功率、大容量。同时，要确保设备符合国家标准，具有合格证书和安全认证。

二是定期检查和维护：定期对电器设备进行检查和维护，确保其处于良好的工作状态。对于老化、损坏或存在安全隐患的设备，应及时更换或维修。

三是安全用电：在使用电器设备时，应遵循安全用电原则，避免过载、短路等问题的发生。同时，要注意用电安全，避免私拉乱接、违规使用等行为。

四是增强安全意识：提高公众对电器火灾的认识和防范意识，加强对电器火灾危害的宣传教育。同时，要培养良好的安全习惯，如离开房间时关闭电器、不使用破损的电线等。

附录 D 新能源汽车起火防范三方法

一、日常用车时应把握充电时间和充电频次，按照使用说明对电池进行充电，避免过充、亏电，或长期快充。

二、若车辆发生外部碰撞后，建议到 4S 店进行安全检查，以确保电池及其他部件完好无损。没有磕碰也应定期对车辆线路、动力电池及电机等进行检查保养，确保车辆各线路正常。

三、停车尽量选择在阴凉处，停车场所的优劣程度依次是：地下停车场 > 室内停车场 > 高楼的阴凉处 > 树荫下 > 暴露位置泥土地面 > 暴露位置水泥地面。有天窗的汽车可以选择将天窗微微开启，达到车内外的空气流通，以降低车内温度。

我们的 安全日记

我们的 安全日记